TRAITÉ PRATIQUE

DE

DRAINAGE.

Argentan. — Imp. Barbier.

TRAITÉ PRATIQUE

DE

DRAINAGE

A L'USAGE

DES PERSONNES QUI VEULENT ENTREPRENDRE
OU DIRIGER DES TRAVAUX DE DRAINAGE

DANS LES PRÉS ET DANS LES HERBAGES

PAR

Alfred d'Angleville.

Sed quia non aliter vires dabit omnibus æquas
Terra. (VIRG. Géorg. II, 286.)

PARIS
A LA LIBRAIRIE AGRICOLE DE DUSACQ, RUE JACOB, 26.
ET CHEZ TOUS LES LIBRAIRES DU DÉPARTEMENT DE L'ORNE.
— 1854 —

PRÉFACE.

On a beaucoup écrit sur la manière de drainer les terres humides : j'ai cherché à réduire à un petit nombre de conseils, faciles à suivre, toute la science pratique du drainage. J'ai suivi avec soin, dans l'exécution des travaux d'assainissement, la méthode que j'indique, et que j'ai déduite de ma propre expérience non moins que des nombreux auteurs que j'ai consultés. Mon but a été de présenter sous une forme simple et abrégée des renseignements pratiques qui puissent être utiles.

J'ai souvent aussi profité des remarques judicieuses faites par ceux qui ont bien voulu visiter nos ouvrages. Je dois tous mes remercîments aux personnes qui m'ont donné leurs bienveillants conseils ou m'ont encouragé dans mes travaux, et parmi lesquelles je citerai avec reconnaissance M. Lefèvre, ancien ingénieur en chef des Mines, aujourd'hui maire de Falaise; M. le vicomte de la Bouillerie, sous-préfet d'Argentan; M. le marquis de Guercheville et M. Lautour-Mézeray, membres du conseil général de l'Orne; M. de Maisons, qui a fait exécuter des travaux de drainage à Vingt-Hanaps et a généreusement prêté deux machines pour fabriquer des tuyaux.

M. le comte de Caumont et M. le comte de Vigneral, que l'on rencontre dans toutes les entreprises utiles au pays, ont, par leur exemple et par de savants conseils, concouru aux progrès du drainage.

Des travaux d'assainissement par les drains ont été exécutés, dans les environs du Merlerault, par M. Leriche à Saint-Arnould, M. Tempier à Croisilles, M. Lesage à Courtomer, et M. Briand, à Pontchardon, près de Vimoutiers. Tous ceux qui ont entrepris ces travaux ont été satisfaits des résultats obtenus. Nous avons l'espoir qu'une amélioration aussi utile sera bientôt devenue d'un usage général parmi tous les cultivateurs intelligents.

Traité pratique de Drainage.

CHAPITRE 1er.

Ce que c'est que le drainage. — Son utilité.

Le mot drainage, récemment admis dans notre langue, signifie desséchement, et nous vient du verbe anglais *to drain* (dessécher, épuiser).

On comprend maintenant plus spécialement sous le nom de *drainage* les procédés nouveaux par lesquels on cherche à assainir les terres qu'un excès d'humidité rend impropres pour une bonne culture ou pour une facile végétation des plantes.

L'excès d'humidité du sol peut provenir de plusieurs causes : lorsque des prairies sont situées sur le bord d'une rivière et que le niveau de l'eau est maintenu par des barrages à une trop grande élévation, le sol de ces prairies se couvre de joncs et de plantes aquatiques; ce n'est qu'en changeant le niveau des eaux de la rivière qu'on peut remédier à ce grave inconvénient.

Mais il est une cause plus généralement répandue qui produit un excès d'humidité, c'est la nature imperméable du sous-sol. Lorsque la couche de terre végétale repose sur des argiles, l'eau des pluies se trouve arrêtée à la surface dès que la couche inférieure est saturée d'eau ; alors la culture est interrompue, la végétation suspendue, jusqu'à ce que la chaleur de l'atmosphère permette à l'eau de se vaporiser et de s'élever dans l'air.

Sans doute il arrive un moment chaque année où, pendant l'été seulement, sous notre climat, presque toute la quantité d'eau de pluie tombée retourne dans l'air par voie d'évaporation. Un savant anglais, M. Dickenson, a prouvé par ses expériences qu'en moyenne 57 1/2 p. % de l'eau de pluie tombée dans l'année est absorbée dans l'atmosphère ; mais cette absorption a lieu d'une manière fort inégale, suivant les diverses saisons.

Dans les mois d'août et de septembre, l'évaporation enlève 93 p. % de la quantité d'eau tombée dans le même temps. Il a été reconnu en outre, et l'on devait s'y attendre, que d'octobre à mars inclusivement l'évaporation entraîne 25 1/2 p. % seulement de la quantité d'eau tombée.

Il résulte donc de ces expériences que, durant les six mois de l'année les plus froids, c'est-à-dire d'octobre à mars, la moyenne de la pluie qu'il reste à évacuer par tout moyen autre que l'évaporation représente une quantité d'eau énorme pour une surface donnée.

Une masse liquide s'établit à l'état stagnant sur les sous-sols imperméables, au grand détriment des céréales dans les champs cultivés, et aussi des prairies ; car les prés et les herbages ne souffrent pas moins par la présence des eaux stagnantes : les joncs, les roseaux, les mousses, les renoncules viennent remplacer peu à peu toutes les plantes utiles qui font la richesse des bons pâturages. C'est ce qu'il est bien aisé d'apercevoir sur les terrains froids et marécageux.

On a cherché à remédier au défaut de perméabilité du sous-sol. Divers procédés ont été employés avec plus ou moins de succès. Parmi tous les systèmes proposés, j'ai choisi les procédés les plus simples, pour former une méthode facile que je vais essayer d'exposer, en écartant tout ce qui compliquerait inutilement la pratique du drainage.

Il existe deux sortes de drainage, qui diffèrent essentiellement par les moyens employés pour parvenir à l'assèchement du sol : on les a classés sous la dénomination de Drainage irrégulier et de Drainage régulier. Nous indiquerons en peu de mots les procédés du drainage irrégulier, quoique nous n'ayons pas eu l'occasion d'y avoir recours, nous réservant d'exposer avec plus de détail les principes du drainage régulier, que l'expérience nous a fait mieux connaître.

Du drainage irrégulier.

Il existe dans certaines localités des eaux souterraines, retenues par des couches de terre imperméables ; ces eaux se montrent à la surface, pour y former des sources et des endroits marécageux. Par des coupures profondes et adroitement disposées on est souvent parvenu à dessécher à peu de frais une assez grande étendue de terrain ; mais ces procédés demandent une connaissance parfaite des lieux et ne peuvent être indiqués d'une manière générale. J'emprunterai seulement la citation suivante à une instruction sur le drainage, fort bien faite et publiée dans le département de la Sarthe, pour donner au lecteur une idée de cette méthode :

« Le drainage irrégulier a pour base la méthode d'Elkington, dans laquelle on a surtout en vue d'aller chercher les eaux au point où elles sourdent du sous-sol dans le sol superficiel, et de leur procurer un écoulement facile. L'aspect du terrain suffira souvent pour reconnaître le siége véritable des sources intérieures ; mais, pour procéder avec plus de certitude, il convient d'étudier la constitution intime du terrain, afin de reconnaître la position et l'allure des couches aquifères et des couches imperméables. M. Stephens indique, pour cette étude, de creuser des trous d'essai ayant au moins 1 m 50 à 2 m de profondeur, ou bien de pratiquer, depuis le fond jusqu'au sommet du terrain à drainer, quelques drains de recherche qui pourront non-seulement ensuite faire partie du système général adopté, mais encore devenir les artères principales, s'il arrive qu'ils coïncident avec les plis rentrants des couches imperméables. Nous pensons qu'il est encore préférable d'opérer suivant les prescriptions que donne M. Polonceau dans son Traité des eaux relativement à l'agriculture.

« Il faut commencer, dit cet ingénieur, par faire sur tout le terrain à assainir de nombreux sondages avec une petite sonde à main garnie d'une cuillère ou d'une mèche en forme de tarière, pour reconnaître les profondeurs relatives auxquelles se rencontre le sous-sol imperméable qui retient les eaux, parce que ce sont les *baissières* de ce sous-sol qu'il importe de faire suivre aux canaux d'assainissement plutôt que les parties basses de la superficie. Quelquefois les unes et les autres s'accordent, quand l'épaisseur de la terre végétale est à peu près uniforme ; il importe de s'en assurer avant de tracer les canaux (ligne de reprise) et les rigoles (drains secondaires). Le mieux est d'établir sur la prairie des lignes parallèles et à égale distance, au moyen d'un cordeau divisé en mesures égales, de placer à chacune des divisions un piquet numéroté et de porter sur un carnet le résultat du sondage fait à chacun de ces piquets, avec son numéro.

« Quand on connaît bien, par les notes des sondages et par le nivellement des piquets, les directions que suivent les baissières du sous-sol, on établit le tracé du canal central, si le terrain a peu d'étendue, ou des canaux principaux, si les dimensions et les variations d'inclinaison en exigent plusieurs, de manière à leur faire suivre les directions générales des baissières les plus prononcées du sous-sol, sans cependant s'astreindre à suivre les petites déviations, et en évitant de leur faire former des angles ou des coudes trop brusques.

« En général, il faut entamer la surface du sous-sol imperméable, et lorsqu'on y rencontre des saillies ou des bourrelets, il faut les couper, pour donner une pente régulière au fond des canaux.

« Les rigoles secondaires se réunissent de droite et de gauche aux canaux principaux. On les trace de la même manière, en ayant soin de les faire coïncider avec les ramifications des baissières du sous-sol. Leurs jonctions avec les canaux ne se font pas perpendiculairement, mais obliquement et en formant des angles aigus, de manière que la vitesse des petits courants ne soit pas ralentie par leur réunion. »

Nous croyons devoir faire suivre ces principes de drainage irrégulier d'une appréciation des chances de réussite de ce mode d'assèchement, fournie par un homme que sa position officielle en Belgique et sa longue expérience ont mis à même de prononcer sur les désavantages de la méthode d'Elkington. Les lignes suivantes sont extraites du remarquable Traité de Drainage de M. Leclerc, ingénieur belge.

« L'application judicieuse de la méthode d'Elkington demande une connaissance parfaite de la nature des couches dont la terre est composée, de leurs dispositions relatives et de l'origine des eaux souterraines, afin qu'on puisse attaquer avec certitude la cause véritable qui produit l'humidité du sol à assécher. Le draineur a fréquemment à cet égard des doutes qui ne peuvent être levés que par des sondages et des essais préalables fort dispendieux; souvent aussi de trompeuses apparences rendent inefficaces les travaux qu'il entreprend; enfin, lorsqu'il est nécessaire d'extraire des eaux profondes par le forage, le travail devient long, pénible, d'un succès douteux : car on n'est pas certain de rencontrer de prime-abord les réservoirs qui alimentent les sources, particulièrement si les couches aquifères sont formées par des roches fissurées. Nous avons été témoin de circonstances où il a fallu, en suivant la méthode d'Elkington, faire trois drainages successifs, de plus en plus profonds, avant de réussir à assécher complétement le sol. »

CHAPITRE 2me.

Du drainage régulier. — Travaux préparatoires.

Il est facile de reconnaître les terrains trop humides ; comme des signes certains ne peuvent, à cet égard, laisser le moindre doute dans l'esprit des cultivateurs, nous pensons qu'il est inutile d'insister sur ce sujet.

Lorsqu'on veut drainer un terrain, on doit examiner attentivement quelle est la pente que suivent pendant l'hiver les petits cours d'eau qui vont rejoindre le cours d'eau principal, destiné à emporter toutes les eaux d'un plateau ou d'une vallée. Ces observations facilitent le travail du nivellement, auquel, du reste, il faut toujours avoir recours pour déterminer avec certitude la pente qu'on doit donner aux eaux afin que l'écoulement puisse avoir lieu facilement. Lorsque la pente du terrain permet de creuser un fossé qui puisse servir de clôture et recevoir aussi les eaux des drains, c'est par là que le travail devra être commencé. Il peut arriver que de petits cours d'eau traversant l'espace à drainer, ou que d'autres circonstances qui dépendent du nivellement obligent à construire une conduite d'eau souterraine ; il faut alors préférer au fossé un conduit couvert, en pierre, ou caniveau, qui sera maçonné en pierre sèche : 25 centimètres de largeur sur 30 de hauteur suffisent ordinairement. Il faut que ce caniveau, pavé en pierre plate, soit construit au moins à 1^{m} 35 au-dessous de la surface du sol, pour recevoir l'eau des drains dirigés de ce côté. Une grille en fer, placée à l'entrée du caniveau, empêchera qu'il ne soit obstrué par les débris ou les feuilles mortes. Ce genre de construction, un peu dispendieux, il est vrai, présente pour avantage une grande solidité, et ne porte obstacle ni à la culture ni au passage des bestiaux.

Du nivellement. — Tracé des fossés.

J'ai parlé du nivellement des fossés; ce point important demande quelques explications.

Il est préférable, pour prendre les différences de niveau du sol, d'employer un niveau à bulle d'air. Le niveau d'Egault, garni d'une lunette, est d'un usage sûr et facile. Le niveau d'eau simple ne donne pas d'indications suffisamment exactes dans un rayon qui dépasserait 20 ou 30 mètres au plus. Je crois aussi devoir recommander l'usage d'un instrument nouveau, très-commode pour le nivellement, pour le tracé des lignes et pour toutes les opérations du drainage : cet instrument, nommé *goniomètre*, a été inventé par un habile ingénieur du chemin de fer de Rouen ; c'est un perfectionnement du pantomètre ordinaire (1).

Je ne puis ici entrer dans tous les détails pratiques des opérations du nivellement ; je me contenterai de renvoyer le lecteur aux ouvrages spéciaux. L'excellent Manuel de drainage, de M. Barral, fournit aussi pour le nivellement toutes les indications désirables.

Je suppose enfin qu'on se soit assuré, par un nivelle-

(1) Cet instrument est du prix de 100 francs et est construit par Audevard, opticien, quai de l'Horloge, 41, à Paris.

ment bien fait, des pentes du terrain sur lequel on doit opérer, et je fais mention de cet avis, donné aux draineurs par Henri Stephens : « Je crois devoir recommander l'usage du niveau non-seulement dans les « terrains à pente très-peu prononcée, mais même « dans ceux où la pente est bien accusée, parce que « l'œil est très-mauvais juge en matière de nivellement « sur le terrain. » Pour exécuter un fossé d'écoulement, je commence à faire creuser ce fossé par le point le plus bas, selon la pente du terrain. L'ouvrier chef est muni d'un niveau de drainage, formé d'une règle et d'un fil à plomb comme le niveau de maçon, mais différant de ce dernier instrument en ce que le point de suspension du fil à plomb est placé à 1m 50 au-dessus de la barre en bois qui repose sur le sol, et le plomb vient battre sur une échelle graduée, placée à 0 m 50 du point de suspension. Cette position que j'ai donnée au fil à plomb permet à l'ouvrier d'apercevoir la pente donnée sans descendre dans les tranchées ; et d'ailleurs les oscillations du fil à plomb sont bien moins lentes que dans les niveaux de drainage de Henri Stephens, dans lesquels le fil de suspension a une longueur trois fois plus grande.

Je recommande pour les ouvriers l'usage constant de cet instrument. Son extrême simplicité fait comprendre à l'instant la manière de s'en servir, et c'est en l'employant sans cesse que nous avons pu tracer sans erreur de pente tous nos drains. On peut aussi employer des mirettes pour établir la ligne d'inclinaison, comme on le fait pour le piquetage d'un chemin ; nous préférons l'usage du niveau.

Les procédés que nous venons d'indiquer pour creuser les fossés sont également applicables à la confection des drains, sauf quelques modifications que nous ferons connaître.

Quelle sera la pente à donner, soit aux fossés, soit aux drains, pour que les eaux puissent s'écouler? Sur cette question, les avis sont fort partagés. M. de Saint-Venant indique comme suffisante une pente de 1/300 ou 0m 33 par 100 mètres. M. Parkes fixe un minimum de 0m 00025 par mètre. A Lépeau, M. Theré a donné une pente de 0m 15 par 100 mètres, ce qui diffère, comme on voit, de plus de moitié de l'indication précédente. D'autres pentes sont indiquées par d'autres draineurs. Enfin M. Garreau, qui a exécuté de grands travaux de drainage dans le département de Seine-et-Marne, a trouvé qu'il suffisait, pour que le drainage pût réussir, qu'il y eût une pente, quelque faible qu'elle fût, et qu'il n'avait pas à se préoccuper de l'expression de cette pente. Cette dernière opinion nous paraît préférable. Il faut et il suffit que l'eau s'écoule également, tant dans les fossés que dans les drains; il faut aussi, autant que possible, que le niveau du fossé soit maintenu à 0m 1 au-dessous de la profondeur qu'on se propose de donner aux drains.

En conseillant de conduire les drains dans un fossé de ceinture, je suppose plusieurs circonstances qui pourraient ne pas se rencontrer dans toutes les localités. Ainsi les fossés sont indispensables en Normandie, dans les herbages et les prairies, pour protéger les clôtures : on peut donc utiliser ces fossés pour recevoir l'eau des drains ; mais il faut que la terre des talus des fossés se soutienne bien sous une pente qu'on proportionne à la solidité de la terre sur les bords. Alors les tuyaux des drains partiels laissent écouler leurs eaux dans le fossé, ce qui permet de distinguer facilement parmi ces drains ceux qui fonctionnent bien ou mal.

Quand la terre des fossés est sujette aux éboulements, ainsi que dans les champs labourables, il sera préférable de diriger l'eau des drains secondaires vers des tuyaux plus grands et dont on augmenterait le diamètre en raison du nombre des petits tuyaux destinés à rejoindre le drain principal.

Du tracé des drains.

Je suppose que le terrain à drainer forme un plan incliné vers le fossé qu'on a disposé comme je l'ai indiqué. Le premier drain doit être tracé de manière à rencontrer le fossé de décharge sous un angle aigu, afin qu'il ne nuise pas à l'écoulement des eaux : c'est un point très-important pour la bonne disposition des drains. On trace une ligne droite sur le terrain, suivant la direction qu'on a choisie, soit à l'aide de jalons seuls, soit avec une équerre d'arpenteur ou tout autre instrument convenable. On a soin de faire mettre un piquet au pied des jalons, que l'on peut alors successivement arracher; les piquets fixés deviennent l'axe ou la ligne du milieu du drain. On place de chaque côté deux autres piquets, à une distance de 0^{m} 15 du piquet placé au milieu, ce qui donne au drain une largeur de 0^{m} 30 (fig. 6), qui sera suffisante, lorsque les ouvriers ont l'habitude de creuser des drains. Cette largeur paraîtra sans doute peu considérable; mais, comme on doit tendre avant tout, pour réduire les frais de main-d'œuvre, à diminuer la quantité de terre qui devra être déplacée et rejetée ensuite dans les drains, il faut parvenir à ne pas dépasser la largeur ci-dessus indiquée. On peut, avec des outils convenables et des ouvriers soigneux, exécuter ainsi les drains plus promptement et plus facilement que si l'on faisait descendre les ouvriers dans les tranchées pour les creuser. On place un cordeau de chaque côté du drain, et un ouvrier, avec la bêche, coupe le gazon en suivant le cordeau. Nous devons à l'obligeance de M. de Maisons, de Mesnil-Glaise, un outil fort commode et fort ingénieux, dont il est l'inventeur. Cet instrument remplace la bêche pour couper le gazon, en abrégeant beaucoup le travail (fig. 8).

Les avis sont fort partagés sur la question de savoir si les drains, tout en restant parallèles entre eux, doivent suivre la pente du sol, ou bien s'il est nécessaire qu'ils soient tracés en travers de cette pente. Je crois qu'il est préférable de suivre la pente, à moins qu'elle ne soit très-forte et qu'elle ne dépasse 0m 1 par mètre ; j'aime mieux alors incliner les drains dans une direction oblique, dans la crainte que l'eau, par sa rapidité, ne soit cause d'un déplacement des tuyaux.

Lorsque les cordeaux sont placés, on commence par enlever le gazon avec la terre adhérente, coupée par longueur de 0m 33 sur une épaisseur de 0m 05 à 0m 06. On dépose avec ordre le gazon, qu'on place du côté gauche en remontant la pente, et on a soin de jeter les terres provenant des fouilles du drain sur le côté opposé, à droite de l'ouvrier, pour ne pas endommager le gazon, qui plus tard trouvera son emploi. Si l'équipe est composée de quatre ouvriers, l'ouvrier chef commence la tranchée par le terrain le plus bas et place ses hommes à distance, en leur indiquant l'ouvrage à faire. On enlève d'abord un premier cours de bêche avec la bêche (fig. 1), dont le fer a 0m 39 de longueur. Les ouvriers descendent alors dans la tranchée et enlèvent le second cours de bêche, qui est aussi de 0m 39 de profondeur. Lorsqu'une certaine longueur est ainsi préparée, un des ouvriers prend la bêche (fig. 2), munie d'un long manche ; placé sur le bord supérieur du drain, il enlève le troisième cours de bêche et atteint environ la profondeur de 1^m 10. Le dernier cours de bêche se donne avec la bêche (fig. 3), plus longue encore. Il faut faire attention que, pour les deux derniers cours de bêche ainsi que pour la pose des tuyaux, les ouvriers ne doivent *jamais* descendre dans les tranchées. Un des ouvriers, en donnant ce dernier cours de bêche, enlève la terre autant qu'il le peut; les menus morceaux de terre sont ramassés avec une écope (fig. 4) par l'ouvrier chef. Celui-ci, ayant près de lui son niveau de draineur (fig. 7), égalise le fond du drain avec son écope et s'assure souvent que la pente est bien observée. On arrive à la profondeur de 1^m 21, toutes les fois que la pente du terrain le permet.

Les drains, construits de cette manière, sont espacés entre eux de 15 mètres. La profondeur des drains et leur distance ont donné lieu entre les draineurs à des controverses qui n'ont pu résoudre complétement une difficulté sérieuse et qui se complique de la diversité des terrains et de la différence des sous-sols. La distance et la profondeur que j'indique ont toujours présenté un très-bon résultat dans les travaux que j'ai fait exécuter ou que j'ai visités, et c'est à cause de l'expérience acquise que je crois devoir résoudre ainsi une question difficile. Cependant, quand on rencontre des sources nombreuses, il pourrait être bon de rapprocher davantage les drains. Il existe du reste sur cette question des développements fort étendus et fort intéressants dans plusieurs des traités de drainage que nous avons indiqués pages 23 et 24, et le lecteur pourra les consulter avec fruit.

Lorsque la tranchée est terminée, si le temps est sec, on fait jeter quelques seaux d'eau en tête de cette tranchée, et on vérifie avec soin si l'eau descend bien et uniment jusqu'au bout du drain. Dans le cas où la tranchée serait trop profonde dans quelques-unes de ses parties, on la remplirait avec de la terre battue; dans le cas contraire, on abaisserait les parties trop élevées. Quand la terre est humide, il s'établit tout naturellement un courant d'eau qui suit la tranchée et fournit une vérification facile des pentes. Les tranchées doivent traverser les couches d'argile, et l'eau se rend sans peine dans les tuyaux, lorsqu'elle se trouve sollicitée à la fois par sa pesanteur naturelle et par la pente.

Quelle doit être la forme et la dimension des tuyaux? Au commencement de mes travaux, j'employais des tuyaux à semelle, de forme ovoïde; depuis, on a reconnu que les petits tuyaux cylindriques de 0m 025 de diamètre et de 0m 32 de longueur étaient plus légers, moins coûteux et plus faciles à placer : ils sont maintenant d'un usage général. Il faut ranger tous les tuyaux nécessaires sur le bord du drain, ensuite on trace une rainure au fond de la tranchée avec une écope cylindrique (fig. 9), pour y déposer chaque tuyau à l'aide d'un crochet à angle aigu (fig. 10) : les tuyaux doivent être posés avec soin et serrés les uns au bout des autres, en commençant la pose par le bout du drain le plus élevé. Le dernier tuyau du bas doit être bien assujetti sur une pierre plate, et il est prudent, à l'avant-dernier tuyau de chacune des extrémités du drain, de faire poser une petite grille en forme de (M), en fil de fer ou en fil de zinc, pour empêcher qu'il ne s'introduise quelque chose dans les tuyaux. La largeur des drains, au fond, est réglée par la forme et le diamètre extérieur des tuyaux; elle est ordinairement d'un décimètre. Je n'emploie pas de manchons, que je regarde comme une dépense inutile.

Quand les tuyaux sont placés, on pose dessus, avec l'écope, un morceau de gazon de la même largeur que le fond de la tranchée, en ayant soin que le côté garni d'herbe soit appliqué sur les tuyaux; la solution de continuité des gazons ne doit pas coïncider avec les jointures des tuyaux. Si l'on travaillait dans un champ labouré, on pourrait remplacer la couverture indiquée par de la paille posée sur les tuyaux. Il ne reste plus alors qu'à rejeter dans les tranchées la terre et à poser ensuite dessus le gazon, en choisissant un temps humide pour faire ce dernier ouvrage. Pour éviter les frais de faire damer la terre, il vaut mieux attendre que celle des tranchées se soit tassée naturellement, avant de poser les gazons sur le dessus des tranchées.

Il y a des tuyaux de plusieurs diamètres. J'ai tracé des tranchées de trois et quatre cents mètres avec des tuyaux de 0m 03 de diamètre; ils ont été suffisants. Cependant, lorsque le terrain forme un plan incliné et présente deux pentes, l'une longitudinale et l'autre transversale, je dispose mes tranchées de manière à ce que chaque ligne transversale rencontre deux lignes longitudinales joignant le fossé. Les tuyaux sont taillés au marteau, pour qu'ils puissent entrer l'un dans l'autre pour former les changements de direction des lignes; et ainsi, s'il y a trop d'eau dans une ligne de tuyaux, elle peut s'écouler par deux orifices différents. Je n'ai jamais vu les tuyaux de drains fournir de l'eau au-delà du tiers de leur diamètre. Enfin, dans les lignes où l'on prévoit un débit d'eau plus considérable, à cause de sources d'eau naturelles préexistantes, il est bon de construire les drains plus larges dans le fond et de mettre 2, 3 ou 5 tuyaux l'un à côté de l'autre ou superposés, suivant leur nombre.

Pour tracer un autre drain parallèle à un drain dirigé le premier selon la direction choisie, on peut se servir de l'équerre d'arpenteur, du goniomètre, ou même de tout autre moyen qui permettra de mener une ligne perpendiculaire au drain; sur cette ligne perpendiculaire, on placera des jalons à la distance qu'on veut laisser entre chaque ligne de drains. Une seconde ligne perpendiculaire au drain, tracée de la même manière sur un autre point, donnera la position d'autres jalons qui détermineront un second point, sur chacune des lignes destinées à former les autres drains, et ainsi de proche en proche, en vertu du principe suivant de géométrie : « Lorsque deux droites sont parallèles, toute perpendiculaire sur l'une l'est aussi sur l'autre. »

Certains terrains, par leur nature ou après de fortes pluies, sont sujets à s'ébouler quand on creuse les tranchées. Dans ce cas, à l'aide de planches posées sur les côtés du drain et soutenues contre la poussée des terres par des morceaux de bois placés en travers, il faut maintenir les terres de chaque côté de la tranchée. Ces travaux demandent une surveillance particulière et beaucoup de patience et d'adresse de la part des ouvriers.

Outils de drainage. — Leur prix.

La forme des outils que les ouvriers doivent employer aux travaux de drainage, leur confection et leur solidité sont de la plus grande importance pour la bonne exécution des travaux. Nous avons été obligé de modifier la plupart des outils venus d'Angleterre. Voici la liste et le prix des outils les plus nécessaires pour entreprendre le drainage : ils sont confectionnés à Exmes (Orne), chez Lejard :

Un burin à manche court (1)	8 fr.	»» c.
Un second burin plus grand	9	50
Un grand burin	12	»»

(1) Nous donnons le nom de *burin* aux bêches étroites à long manche, pour les distinguer des bêches ordinaires, et le nom d'*écope* aux instruments qui nous servent à enlever la terre du fond des tranchées.

Une grande écope..................	8 fr. »» c.	
Une écope petite..................	7	»»
Une écope ronde...................	7	»»
Un crochet à poser................	3	»»
Un niveau de drainage en bois.......	4	»»
Un pic à pédale...................	13	»»

Il n'entre pas dans le plan de cet ouvrage de traiter de la fabrication des tuyaux ni de discuter le mérite relatif des différentes machines employées à cet usage. Nous dirons seulement que nous avons employé des tuyaux de drainage, livrés à un prix modéré, bien conditionnés et bien cuits, sortant de la fabrique de M. Normand-Dupont, à Alençon. M. Normand emploie avec zèle et intelligence tous les procédés qui peuvent tendre à perfectionner les tuyaux qu'il fournit chaque année en très-grande quantité à sa nombreuse clientèle.

CHAPITRE 3me.

Observations sur la théorie du drainage.

Si toute la quantité d'eau tombée du ciel sur une surface à sous-sol imperméable devait s'écouler dans un temps limité et fort court, il faudrait, pour obtenir ce résultat, déterminer d'avance la longueur des drains, leur pente et aussi le diamètre des tuyaux. Il faudrait de plus que la couche de terre perméable n'opposât aucune résistance au cours de l'eau, et c'est ce qui n'a pas lieu, suivant nous ; car, en examinant avec attention les effets produits par les tuyaux de drainage, nous avons été forcé de reconnaître que la quantité d'eau qui s'écoule, suit, pour arriver aux tuyaux, une marche bien plus lente qu'on ne le suppose généralement, et, de plus, que les tuyaux n'enlèvent pas toute l'eau des pluies, surtout qu'ils ne l'enlèvent pas très-promptement.

Nous avons, dans nos premiers travaux, tracé des drains en évitant, autant que possible, de dépasser la longueur de 200 mètres, comme maximum indiqué par les auteurs. Puis nous avons essayé, avec des tuyaux de 0m 03 et une profondeur de 1m 21, d'aller au-delà des limites prescrites ; nous avons atteint 300 et même 450 mètres de longueur, et l'assainissement du sol était complet : jamais les tuyaux n'ont été engorgés ou insuffisants.

Nous allons chercher à expliquer quelle est la cause d'un fait si contraire aux théories assez généralement admises par les auteurs qui ont écrit sur le drainage. Il y a plusieurs années, dans un cours public à Paris, M. Babinet, membre de l'Institut, indiquait à ses auditeurs les moyens de se procurer de l'eau à la campagne, quand on n'a à sa disposition ni sources d'eau ni rivière. Ce savant annonçait à son auditoire qu'un hectare de terrain rendu imperméable par une couche de bitume, par exemple, et disposé de manière à présenter une pente vers un point unique, fournirait une source d'eau coulant continuellement et équivalant à un pouce d'eau de fontainier (1), pourvu qu'on eût eu le soin de placer préalablement sur la surface imperméable une couche de terre légère et sablonneuse, d'un mètre d'épaisseur.

A l'appui de cette assertion, il citait ce qui était arrivé à Paris dans une cour pavée, disposée en pente et présentant aux eaux de pluie une issue sous la porte d'entrée. Pendant les troubles de la révolution française, les bâtiments d'une communauté religieuse, situés autour de cette cour, furent pillés et bouleversés. Les décombres, jetés pêle-mêle dans la cour, y étaient restés entassés. Dans la suite, on remarqua qu'il sortait une source d'eau continue sous la porte d'entrée. Quelques années après, la cour fut déblayée, on chercha la source d'eau ; inutile de dire qu'elle avait disparu.

Les observations que j'ai faites sur les effets du drainage m'ont convaincu qu'il ne fallait pas chercher d'autre explication des cours d'eau souterrains qui sortent des tuyaux des drains, que cette accumulation des eaux de pluie traversant lentement les couches perméables : elles s'écoulent en suivant les pentes et les canaux libres

(1) *Remarque.* — Le pouce de fontainier est la quantité d'eau qui s'écoule par un orifice circulaire de 1 pouce (27 millimètres) de diamètre sous une charge moyenne de 7 lignes (16 millimètres) d'eau. Le pouce de fontainier suffit à la consommation de mille habitants pendant 24 heures.

qu'elles rencontrent. N'est-ce pas aussi ce qui arrive dans les pays couverts de bois : l'eau des pluies s'amasse dans les terres, entre les racines, s'écoule peu à peu en formant des sources qui fournissent de l'eau toute l'année; mais lorsque les coteaux sont déboisés, l'eau s'écoule rapidement en suivant les pentes, fait gonfler les rivières et cause les inondations.

Pendant les mois d'hiver, on sait que l'évaporation des eaux de pluie tombées sur le sol est presque nulle. Les drains d'une longueur de trois à quatre cent mètres, tracés dans un terrain argileux, donnent environ deux litres d'eau par minute, même après des pluies abondantes ; l'eau paraît toujours parfaitement claire et coule très-régulièrement. Mais il ne faut pas croire que toute l'eau des pluies non absorbée par l'évaporation s'écoule par les drains. Une partie de cette eau s'infiltre dans la terre, malgré les drains, et nous manquons de renseignements exacts pour déterminer par le calcul quelle est cette quantité qui disparaît dans l'intérieur du sol. Suivant moi, les tuyaux de drains semblent posés pour recevoir les eaux d'une espèce de grande fontaine à filtrer l'eau, s'il m'est permis d'employer cette comparaison pour faire comprendre ma pensée ; les terres placées au-dessus du sol imperméable représentent les couches de sable ou de charbon que l'eau doit traverser, afin qu'elle puisse sortir limpide du filtre. Je me préoccupe peu de la nature des terres placées au-dessus de la couche de niveau sur laquelle reposent les drains, parce que je crois que les argiles même, une fois qu'elles ont abandonné de proche en proche le superflu de leur excès d'humidité, deviennent tout aussi perméables que les terres plus légères.

C'est en partant des équations du mouvement de l'eau, dans une conduite rectiligne à section circulaire, que l'on a calculé dans plusieurs ouvrages les distances des drains entre eux ainsi que leur longueur. Loin de moi la pensée de m'élever contre ces préceptes de la science, s'il s'agissait d'une conduite d'eau dans une ville ; mais ces principes doivent être mis en usage dans le cas seulement auquel ils s'appliquent et non pour le drainage. En effet, dans le drainage, l'eau ne part point d'un réservoir commun ; elle s'infiltre par les joints de tous les tuyaux, après avoir abandonné les petites cavités qu'elle remplissait. Nous ne pouvons déterminer combien il faut de temps pour que toute cette eau arrive successivement dans les tuyaux, ni quels sont les obstacles qui s'opposent à sa marche, soit par la difficulté qu'elle éprouve pour se frayer un passage au travers des terres, ou par suite de l'action de la capillarité.

Ce que nous savons par expérience, c'est que dans les temps de pluie, dès qu'un drain est ouvert jusqu'à une profondeur de 1 m 21, il se forme un courant d'eau qui ressemble à une source, et qui entre dans les tuyaux dès qu'on les a posés dans le fond de la tranchée. Cela a lieu constamment depuis octobre jusqu'en avril, et même pendant l'été, lorsqu'il tombe de fortes pluies. Quant à la marche ou à la vitesse des eaux qui se rendent dans les tuyaux, je ne pense pas qu'on puisse les déterminer par le calcul, puisqu'on ne possède pas à cet égard de données assez exactes. Ce que j'ai voulu constater seulement, c'est que l'eau des pluies s'écoule par les tuyaux lentement, mais d'une manière continue. Après l'ouverture d'un drain, il est vrai, l'eau se précipite en abondance, il semble d'abord que les tuyaux seront insuffisants; au bout de quelques jours le drain nouveau fournit à peu près la même quantité d'eau que les drains plus anciens, et tout reprend la marche ordinaire.

Il n'est donc pas possible de comparer cette lente filtration des eaux à travers les terres à la marche connue et régulière d'un cours d'eau sortant par un orifice d'un diamètre donné sous une pression déterminée.

S'il ne s'agissait que d'une théorie plus ou moins vraisemblable, j'insisterais peu sur son adoption. Cependant, comme on s'est appuyé sur les principes de la marche des eaux dans les conduites d'eau ordinaires, pour en déduire les conseils que l'on adresse aux draineurs dans la plupart des ouvrages que j'ai pu lire sur ce sujet, je crois qu'il est utile de simplifier la pratique du drainage, et de la débarrasser d'une foule de restrictions inutiles.

Ainsi, dans la plupart des traités, on publie des tableaux qui rangent les terres dans de nombreuses classifications et sous des dénominations arbitraires. J'ai sous les yeux un traité de drainage en anglais, de Dempsey. Ce traité, dans un de ces tableaux, ne présente pas moins de vingt-cinq classes différentes de terres argileuses, avec indication des variations de profondeur et d'espacement que les drains doivent subir pour chacun des cas. Est-ce que, dans la pratique, on pourrait faire varier à chaque ligne de drain et la profondeur et la distance, si la nature de la terre venait à changer? Bien plus, dans un drain d'une longueur de 300 mètres, souvent la nature de la terre change plusieurs fois; que deviennent les préceptes donnés et que fera celui qui est chargé de diriger les travaux, même en supposant que dans son choix il ne se trompe pas de classification? Je conseille donc de creuser les drains d'une profondeur égale et avec un espacement régulier, sauf à modifier les chiffres que j'ai proposés, s'ils ne procuraient pas un complet assainissement; mais je n'en ai pas encore vu d'exemple.

Un ouvrage publié récemment par M. Barral contient sur le drainage des conseils basés sur l'expérience et sur d'ingénieux calculs : c'est le travail le plus remarquable qui nous soit connu sur ce sujet. L'auteur, tout en rendant justice aux écrivains anglais qui l'ont précédé, ne se traîne pas servilement à leur suite : il a fait dans son *Manuel du Drainage* le plus heureux emploi de ses connaissances si variées et si profondes. On devra consulter souvent cet excellent ouvrage.

Les opérations du drainage peuvent se résumer ainsi :

1° Nivellement et tracé des fossés ;

2° Examen du terrain. — Choix de la direction des drains, après avoir pris connaissance de la pente par le nivellement. — Tracé des drains ; longueur, largeur et profondeur des drains. — Pose des tuyaux. — Remplissage des drains.

Nous avons traité en détail ces divers sujets. Je ne chercherai pas à discuter la question de la supériorité des drains avec tuyaux en terre sur toutes les autres méthodes connues de dessèchement : je crois que c'est maintenant un fait acquis à la science. Je renvoie aussi le lecteur aux nombreux ouvrages qui ont été publiés sur le drainage, pour un grand nombre de questions théoriques qui présentent sans aucun doute beaucoup d'intérêt, mais ne peuvent trouver place dans un ouvrage pratique.

Liste d'auteurs qui ont écrit sur le drainage.

Guide du draineur, par Henry Stephens, traduit par Faure.

Histoire et Pratique du Drainage. (Revue britannique, quarterly review, déc. 1849.)

Instruction sur le Drainage, publiée dans le département de la Sarthe.

Manuel de Drainage, par Barral.

Traité du Drainage, par Leclerc.

— par Mengon.

De l'Assainissement des terres et du Drainage, par Jules Naville.
Résumé des Conférences agricoles sur le Drainage, par J. Morière.
Notice sur le Drainage, par M. le comte de Vigneral.
Du Drainage des terres, par M. de Saint-Venant.
The complete Grazier, by William Youatt, esq.
Rudimentary treatise of the Drainage, by Drysdale-Dempsey.

Evaporation de l'eau de pluie.

Comme les drains sont destinés à enlever l'eau des pluies non absorbée dans l'atmosphère, nous donnons ici une table faite avec soin en Angleterre, et déduite de 8 années d'observations, pour constater quelle est la quantité d'eau évaporée chaque mois par l'effet de la chaleur. On voit d'après cette table que, pendant le mois de janvier, sur 100 parties d'eau de pluie, 29 parties 3 dixièmes sont transformées en vapeur, tandis que les autres 70 parties 7 dixièmes restent à l'état liquide, et ainsi de suite pour les autres mois.

NOMS DES MOIS.	EAU ÉVAPORÉE.		EAU RESTÉE A L'ÉTAT LIQUIDE.	
Janvier,	29	3 p. 0/0	70	7 p. 0/0
Février,	21	6	78	4
Mars,	33	4	66	6
Avril,	79	0	21	0
Mai,	94	2	5	8
Juin,	98	3	1	7
Juillet,	98	2	1	8
Août,	98	6	1	4
Septembre,	80	1	13	9
Octobre,	50	5	49	5
Novembre,	15	1	84	9
Décembre,	00	0	100	0

Frais du drainage.

Quoique le prix de la main-d'œuvre varie essentiellement dans les différents pays, j'indiquerai, pour me conformer à l'usage, le prix de revient d'un hectare de terrain drainé d'après les principes ci-dessus indiqués. Lorsque les tuyaux de drainage coûtent 28 fr. et qu'on ne rencontre pas de pierres en creusant les tranchées, j'évalue les frais par hectare, en Normandie, à une somme comprise entre les limites de 210 à 230 fr. Il faut 2,000 tuyaux de 0^{m} 33 par hectare.

Avantages du drainage.

Pour me conformer aussi à l'usage, je dois faire connaître les avantages que présentent les herbages drainés. J'ai pu augmenter le nombre des bestiaux mis dans les herbages dans une proportion sensible. Le terrain est resté assez sec pendant l'hiver pour qu'il fût possible de laisser des bestiaux dans les herbages, sans que le sol fût détérioré par les pas des animaux. Les moutons ont prospéré d'une manière remarquable, et nous n'avons eu aucun cas de la maladie qui a causé de si grands ravages, en 1853, dans les pâturages humides de notre province. Après le drainage, la qualité du foin dans les prés à faucher a présenté un changement très-favorable et l'augmentation du produit a été d'un tiers ; dans les temps de sécheresse les herbages drainés étaient tapissés d'une herbe plus verte et plus abondante que les autres.

En résumé, le drainage est la première des améliorations à faire dans les terres fortes ; cependant, seul il ne suffirait pas ; il faut aussi répandre sur les herbages des compôts ou des terres préparées pour cet usage. On obtient alors des avantages remarquables.

Depuis trois ans que mes premiers travaux ont été commencés, nous avons eu de nombreux imitateurs parmi les cultivateurs du voisinage. C'est dans le désir d'être utile à ceux qui voudraient imiter nos travaux après les avoir visités, et c'est aussi après des demandes multipliées qui m'ont été adressées, que j'ai cherché à expliquer avec détail les procédés pratiques qui m'ont constamment réussi. Je ne doute pas qu'un succès facile ne soit également assuré à tous ceux qui apporteront des soins convenables dans l'exécution de leurs travaux.

LOI SUR LE DRAINAGE,

PROMULGUÉE LE 12 JUIN 1854.

ART. 1er. Tout propriétaire qui veut assainir son fonds par le drainage ou un autre mode d'assèchement peut, moyennant une juste et préalable indemnité, en conduire les eaux, souterrainement ou à ciel ouvert, à travers les propriétés qui séparent ce fonds d'un cours d'eau ou de tout autre voie d'écoulement.

Sont exceptés de cette servitude les maisons, cours, jardins, parcs et enclos attenant aux habitations.

ART. 2. Les propriétaires de fonds voisins ou traversés ont la faculté de se servir des travaux faits en vertu de l'article précédent, pour l'écoulement des eaux de leurs fonds.

Ils supportent, dans ce cas : 1° une part proportionnelle dans la valeur des travaux dont ils profitent ; 2° les dépenses résultant des modifications que l'exercice de cette faculté peut rendre nécessaires ; 3° et pour l'avenir une part contributive dans l'entretien des travaux devenus communs.

ART. 3. Les associations de propriétaires qui veulent, au moyen de travaux d'ensemble, assainir leurs héritages par le drainage ou tout autre mode d'assèchement, jouissent des droits et supportent les obligations qui résultent des articles précédents. Ces associations peuvent, sur leur demande, être constituées, par arrêtés préfectoraux, en syndicats auxquels sont applicables les articles 3 et 4 de la loi du 14 floréal an XI.

ART. 4. Les travaux que voudraient exécuter les associations syndicales, les communes ou les départements, pour faciliter le drainage ou tout autre mode d'assèchement, peuvent être déclarés d'utilité publique par décret rendu en Conseil d'Etat.

Le règlement des indemnités dues pour expropriation est fait conformément aux paragraphes 2 et suivants de l'article 16 de la loi du 21 mai 1836.

ART. 5. Les contestations auxquelles peuvent donner lieu l'établissement et l'exercice de la servitude, la fixation du parcours des eaux, l'exécution des travaux de drainage ou d'assèchement, les indemnités et les frais d'entretien, sont portés en premier ressort devant le juge de paix du canton, qui, en prononçant, doit concilier les intérêts de l'opération avec le respect dû à la propriété.

S'il y a expertise, il ne pourra être nommé qu'un seul expert.

ART. 6. La destruction totale ou partielle des fossés évacuateurs est punie des peines portées à l'article 456 du Code pénal.

ART. 7. Il n'est aucunement dérogé aux lois qui règlent la police des eaux.

TABLE.

Argentan. — Imprimerie de BARBIER, place Henri IV.

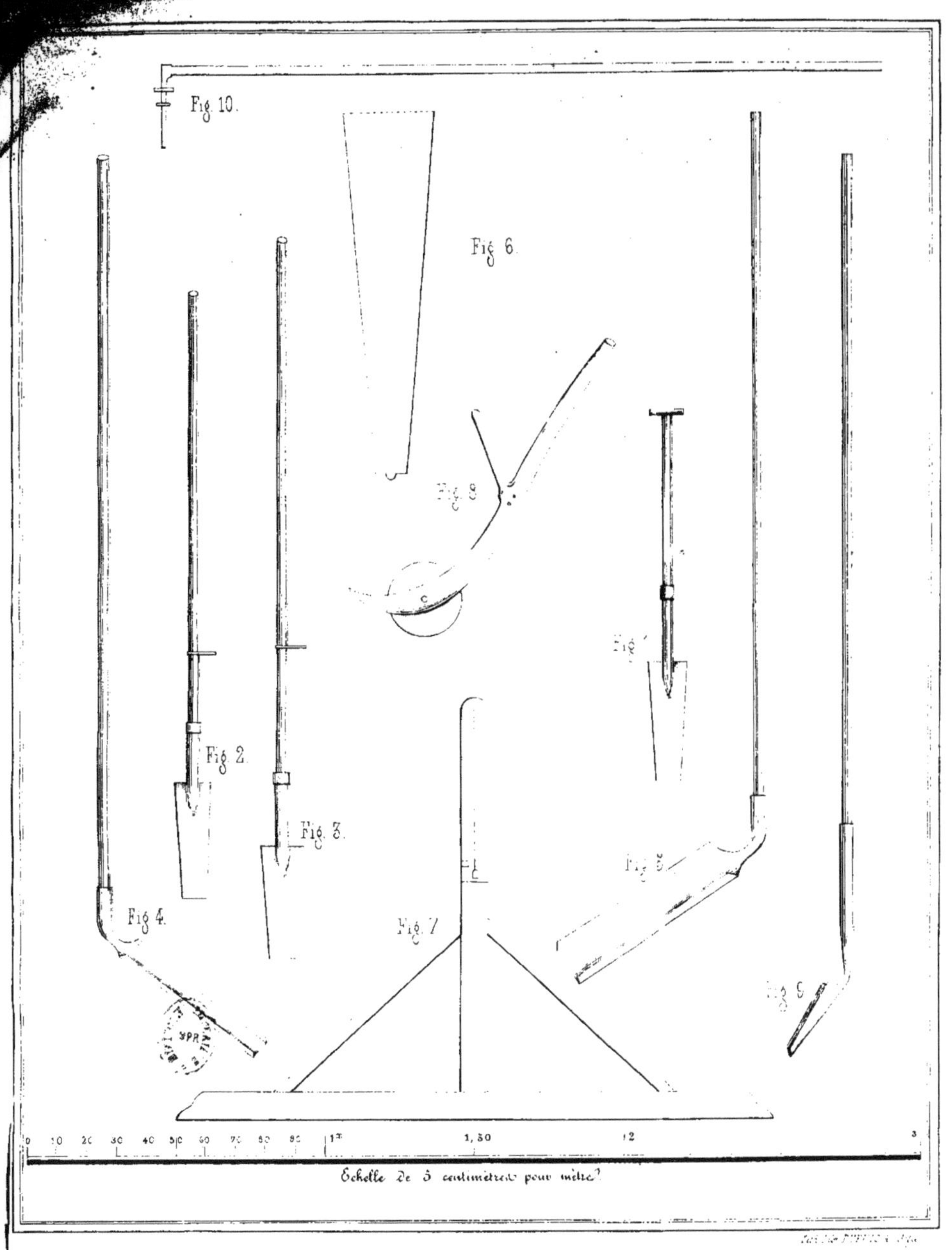
Fig. 10.
Fig. 6.
Fig. 8.
Fig. 2.
Fig. 3.
Fig. 5.
Fig. 4.
Fig. 7.
Fig. 9.
0 10 20 30 40 50 60 70 80 90 1m 1,50 2 3
Echelle de 5 centimètres pour mètre.

www.ingramcontent.com/pod-product-compliance
Ingram Content Group UK Ltd.
Pitfield, Milton Keynes, MK11 3LW, UK
UKHW022154170726
13837UKWH00004B/1996

9 782329 317724